essentials

Essentials liefern aktuelles Wissen in konzentrierter Form. Die Essenz dessen, worauf es als „State-of-the-Art" in der gegenwärtigen Fachdiskussion oder in der Praxis ankommt. Essentials informieren schnell, unkompliziert und verständlich

- als Einführung in ein aktuelles Thema aus Ihrem Fachgebiet
- als Einstieg in ein für Sie noch unbekanntes Themenfeld
- als Einblick, um zum Thema mitreden zu können.

Die Bücher in elektronischer und gedruckter Form bringen das Expertenwissen von Springer-Fachautoren kompakt zur Darstellung. Sie sind besonders für die Nutzung als eBook auf Tablet-PCs, eBook-Readern und Smartphones geeignet.

Essentials: Wissensbausteine aus Wirtschaft und Gesellschaft, Medizin, Psychologie und Gesundheitsberufen, Technik und Naturwissenschaften. Von renommierten Autoren der Verlagsmarken Springer Gabler, Springer VS, Springer Medizin, Springer Spektrum, Springer Vieweg und Springer Psychologie.

Ekbert Hering · Bernd Schröder

Wärmeschutz und Heizungstechnik

Ein Überblick

Ekbert Hering
Hochschule für angewandte
Wissenschaften Aalen
Aalen
Deutschland

Bernd Schröder
Aalen
Deutschland

ISSN 2197-6708
essentials
ISBN 978-3-658-08600-8
DOI 10.1007/978-3-658-08601-5

ISSN 2197-6716 (electronic)

ISBN 978-3-658-08601-5 (eBook)

Die Deutsche Nationalbibliothek verzeichnet diese Publikation in der Deutschen Nationalbibliografie; detaillierte bibliografische Daten sind im Internet über http://dnb.d-nb.de abrufbar.

Springer Vieweg

Gedruckt auf säurefreiem und chlorfrei gebleichtem Papier

Springer Fachmedien Wiesbaden ist Teil der Fachverlagsgruppe Springer Science+Business Media
(www.springer.com)

Was Sie in diesem Essential finden können

- Grundlagen des Wärmeschutzes
- Mindestanforderungen an den Wärmeschutz im Winter nach DIN 4108-2: 2001-3
- Systeme und Bauteile der Heizungstechnik
- Einzelheizung
- Zentralheizung

Vorwort

Dieses Werk ist ein Auszug aus „Springer Ingenieurtabellen" von Ekbert Hering
und Bernd Schröder. Dieses Buch hat sich mit seinen Praxis-Tabellen als Ergän-
zung zu „Hütte Das Ingenieurwissen" bewährt. Das Werk wendet sich an Studie-
rende und Ingenieure.

Wärmeschutz hat das Anliegen, für die Menschen ein behagliches Raumklima
zu schaffen. Hierzu braucht man Mindestwerte des Wärmedurchlasswiderstandes,
auf der anderen Seite soll aber auch Heizenergie eingespart werden. Daher sind
zunächst die Grundlagen der Wärmebewegung abzuhandeln, um danach die Mindestanforderungen an den Wärmeschutz im Winter zu erläutern.

In der Heizungstechnik werden zunächst Einzelheizungen behandelt. Zentral-
heizungen nehmen wegen ihrer Vielfalt an Systemen einen größeren Raum ein.
Neben den verschiedenen Arten von Heizkörpern und Rohrnetzen sind auch noch
Armaturen und Umwälzpumpen von Belang. Wärmeerzeugung kann mit Heizkesseln, Wärmepumpen und Sonnenkollektoren erfolgen. Auch Fernnetze werden
häufiger.

Inhaltsverzeichnis

Einleitung 1

Der Begriff „Wärmeschutz im Hochbau" betrifft in der Regel Maßnahmen, die notwendig sind, um in beheizten Gebäuden ein für die Menschen behagliches Raumklima zu schaffen. Dabei wird zusätzlich erwartet, dass die Baukonstruktion vor Schäden durch Feuchteinwirkung geschützt wird und der Verbrauch an Heizenergie in tragbaren Grenzen bleibt.

Die Anforderungen an den Wärmeschutz der Bauteile zur Gewährleistung eines zufriedenstellenden Raumklimas mit der zusätzlichen Forderung nach einem ausreichenden Schutz der Baukonstruktion führen zur Festlegung von Mindestwerten des Wärmedurchlasswiderstandes. Eine erhöhte Einsparung von Heizenergie ist bei dieser Betrachtungsweise nicht zu erwarten. Deshalb gibt es mehrere technische Regelwerke, die sich aus diesen unterschiedlichen Gesichtspunkten mit dem Wärmeschutz von Bauteilen bzw. von Gebäuden befassen:

- Die DIN 4108-2 fordert Mindestwerte des Wärmedurchlasswiderstandes zum Schutz des Menschen vor thermisch unbehaglichen Zuständen und zum Schutz der Baukonstruktion vor Schäden.
- Die Energieeinsparungsverordnung (EnEV), DIN V 4108-6 und DIN EN 832 dagegen befassen sich mit der Forderung nach einem energiesparenden Wärmeschutz.

Einzelheizgeräte haben zur Wärmeerzeugung entweder einen *Feuerraum* zur Verbrennung von festen Brennstoffen, Öl oder Gas (Öfen), oder *elektrische Heizleiter*.

© Springer Fachmedien Wiesbaden 2014
E. Hering, B. Schröder, *Wärmeschutz und Heizungstechnik,* essentials,
DOI 10.1007/978-3-658-08601-5_1

Je nach der Konstruktion des Heizgeräts überwiegt die Wärmeabgabe durch *Konvektion* oder *Strahlung*.

Zentralheizungssysteme werden nach dem Wärmeträger als *Warmwasser-, Heißwasser-, Niederdruckdampf-, Hochdruckdampf-* und *Luftheizanlage* bezeichnet.

Wärmeschutz

2

2.1 Grundlagen

Wärmebewegung durch Bauteile

Trennt ein Bauteil einen beheizten Raum von einer Umgebung mit niedrigerer Temperatur, so fließt ein Wärmestrom durch ihn in Richtung des Temperaturgefälles. Der Wärmestrom hängt von der Geometrie, dem Material und der Beschaffenheit der Oberfläche, der Luftbewegung und der Lufttemperatur zu beiden Seiten des Bauteiles ab. Wenn die Temperaturen nicht konstant sind, ist der Wärmestrom auch noch zeitlichen Schwankungen unterworfen.

Beim Wärmeschutz im Hochbau werden grundsätzlich konstante Temperaturen angenommen. Die auf dieser Annahme basierenden physikalischen Gesetze, die den wärmeschutztechnischen Berechnungen im Hochbau zugrunde liegen, gelten nur für plattenförmige, unendliche ausgedehnte Körper. Bauteile können, wenn Ecken- und Anschlussbereiche ausgeklammert werden, in erster Annäherung als derartige Körper angesehen werden. Die Wärmebewegung durch ein Bauteil kann nach Abb. 2.1 in drei Einzelvorgänge aufgeteilt werden.

Die Wärmestromdichten (Wärmestrom durch Fläche) der einzelnen Wärmebewegungen sind:

$$q_I = h_{si}\,(\Theta_i - \Theta_{si}) \qquad q_{II} = \frac{1}{R\,(\Theta_{si} - \Theta_{se})} \qquad q_{III} = h_{se}\,(\Theta_{se} - \Theta_e)$$

© Springer Fachmedien Wiesbaden 2014

E. Hering, B. Schröder, *Wärmeschutz und Heizungstechnik*, essentials,

DOI 10.1007/978-3-658-08601-5_2

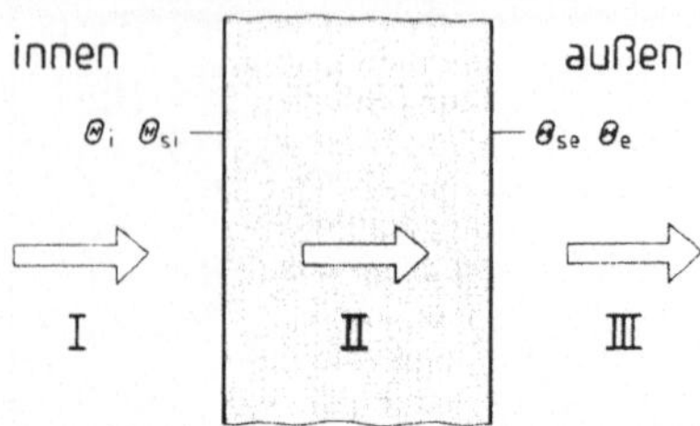

Abb. 2.1 Schematische Darstellung der Wärmebewegung durch ein Bauteil von der höheren Temperatur Θ_i zur tieferen Θ_e
I Wärmeübergang von Raumluft zu raumseitiger Wandoberfläche
II Wärmedurchgang durch das Bauteil
III Wärmeübergang von außenseitiger Wandoberfläche an die Außenluft

wobei:

q Wärmestromdichte [W/m²]
h Wärmeübergangskoeffizient [W/(m²·K)]
R Wärmedurchlasswiderstand [m²·K/W]
Θ Celsius-Temperatur [°C]

Indizes:

i innen
e außen
si innere Oberfläche
se äußere Oberfläche.

Bei der Gesamtbetrachtung der Wärmebewegung durch das Bauteil, einschließlich der beidseitigen Wärmeübergänge ergibt sich die Wärmestromdichte

$$q = U\,(\Theta_i - \Theta_e)$$

wobei:

U Wärmedurchgangskoeffizient [W/(m²·K)].

Die Kehrwerte der Koeffizienten sind Wärmewiderstände. Der Wärmewiderstand einer Baustoffschicht hängt von deren Dicke und der Wärmeleitfähigkeit des Materials ab und wird Wärmedurchlasswiderstand genannt.

Berechnungsverfahren

Die nachfolgend angeführten Kenngrößen und Berechnungsverfahren gelten nur bei stationären Wärmestromverhältnissen und für ebene, plattenförmige Körper. In Bereichen divergierender oder konvergierender Wärmestromlinien sind sie nicht anwendbar.

Bedeutung und Berechnung der Kenngrößen (DIN EN ISO 6946-1) **Rechenwert der Wärmeleitfähigkeit** λ_R. Wärmeenergie wird in Stoffen unterschiedlich gut weitergeleitet. Diese Eigenschaft wird als Wärmeleitfähigkeit bezeichnet. Für wärmeschutztechnische Berechnungen ist der Rechenwert der Wärmeleitfähigkeit anzuwenden. Er ist auf eine Temperatur von 10 °C und den praktischen Feuchtegehalt bezogen und berücksichtigt material- und herstellungsbedingte Streuungen. Die Rechenwerte der Wärmeleitfähigkeit λ_R werden unter anderen auf Grund der praktischen Feuchtegehalte festgelegt.

Wärmedurchlasswiderstand R. Bei einem einschichtigen Bauteil berechnet er sich aus der Dicke d und dem Rechenwert der Wärmeleitfähigkeit λ_R nach der Gleichung

$$R = \frac{d}{\lambda_R}.$$

Bei mehrschichtigen Bauteilen der Dicken d_1, d_2,…, d_n der Einzelschichten und deren Rechenwerten der Wärmeleitfähigkeit λ_{R1}, λ_{R2},…, λ_{Rn} berechnet er sich nach der Gleichung

$$R = \frac{d_1}{\lambda_{R1}} + \frac{d_2}{\lambda_{R2}} + \ldots + \frac{d_n}{\lambda_{Rn}}$$

Wärmeübergangswiderstand R_{si}, R_{se}. Er kennzeichnet den Wärmewiderstand beim Wärmetransport von der Luft zur Bauteiloberfläche bzw. umgekehrt (Abb. 2.1).

Wärmedurchgangswiderstand R_T. Durch die Addition der Einzelwiderstände erhält man den Wärmedurchgangswiderstand eines Bauteils

$$R_T = R_{si} + R + R_{se}.$$

Wärmedurchgangskoeffizient U. Bei ein- und mehrschichtigen Bauteilen ergibt sich der Wärmedurchgangskoeffizient aus der Kehrwertbildung des Wärmedurchgangswiderstands

$$U = \frac{1}{R_T}.$$

Mittlerer Wärmedurchgangskoeffizient eines inhomogenen Bauteils

Bei den obigen Gleichungen wird vorausgesetzt, dass das Bauteil in seiner ganzen Ausdehnung aus einer oder mehreren aufeinanderfolgenden homogen, senkrecht zur Richtung des Wärmestromes angeordneten Schichten besteht. Sind jedoch mehrere, nebeneinander liegende Abschnitte mit einem unterschiedlichen Materialaufbau vorhanden (Abb. 2.2), weisen die Berechnungen einen mehr oder weniger großen Fehler auf, der von der Differenz der wärmeschutztechnischen Qualität der nebeneinander liegenden Bereiche abhängt. Mit einer in vielen Fällen ausreichenden Genauigkeit kann der mittlere Wärmedurchgangskoeffizient eines solchen inhomogenen Bauteils mit dem nachfolgend beschriebenen Rechenverfahren ermittelt werden.

Berechnet wird der Wärmedurchgangswiderstand R_T des Bauteiles bei zwei sich stark unterscheidenden Randbedingungen. Die jeweiligen Rechenergebnisse ergeben Extremwerte, die als oberer (R_T') bzw. unterer Grenzwert (R_T'') bezeichnet werden. Das Endergebnis ist der Mittelwert aus beiden Berechnungen. Neben den Materialwerten der Abschnitte und Schichten bestimmen auch die Anteile f der Abschnittsflächen an der Gesamtfläche A das jeweilige Ergebnis.

$$f_a = \frac{A_a}{A}, \quad f_b = \frac{A_b}{A}, \ldots, \quad f_n = \frac{A_n}{A} \quad mit \quad A = A_a + A_b + \ldots + A_n$$

$$und \quad f_a + f_b + \ldots + f_n = 1.$$

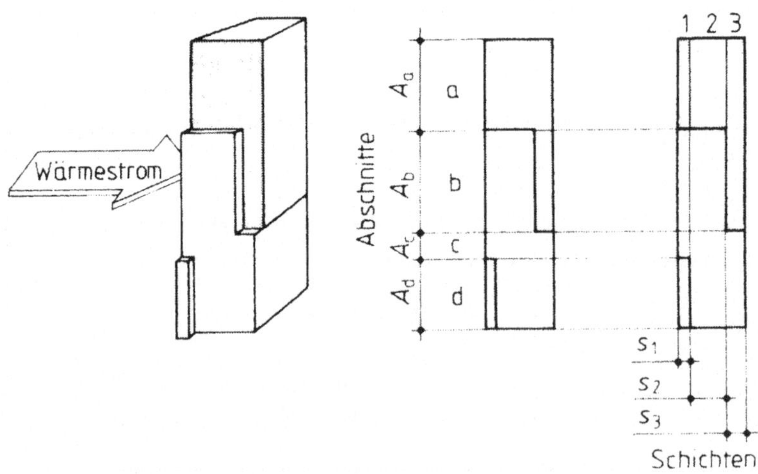

Abb. 2.2 Inhomogenes Bauteil aus n Abschnitten und m Schichten

Oberer Grenzwert R_T'

Für jeden Abschnitt des Bauteils wird der Wärmedurchgangskoeffizient getrennt bestimmt und zuerst der gewichtete Mittelwert U' des Bauteils und dann der Wärmedurchgangswiderstand R_T' berechnet.

$$U' = U_a \cdot f_a + U_b \cdot f_b + \ldots + U_n \cdot f_n$$

$$R_T' = \frac{1}{U'}.$$

Unterer Grenzwert R_T''

Für jede Bauteilschicht wird entsprechend der Flächenanteile der verschiedenen Abschnitte die gewichtete Wärmeleitfähigkeit λ'' jeder einzelnen Schicht berechnet und mit diesen Werten der Wärmedurchgangswiderstand R_T'' der Gesamtkonstruktion bestimmt. Für die Schicht m ist die mittlere Wärmeleitfähigkeit

$$\lambda_m'' = \lambda_{m,a} \cdot f_a + \lambda_{m,b} \cdot f_b + \ldots + \lambda_{m,n} \cdot f_n.$$

Der Wärmedurchgangswiderstand R_T'' des m–schichtigen Bauteils ist

$$R_T'' = R_{si} + R_1 + R_2 + \ldots + R_m = R_{se}.$$

Mittelwert und relativer Fehler

Das Mittel aus oberem unterem Grenzwert liefert den Näherungswert des Wärmedurchgangswiderstandes R_T des Bauteils.

$$R_T = \frac{R_T' + R_T''}{2}$$

$$\text{und } U = \frac{1}{R_T}.$$

Die relative Rechenungenauigkeit e ist:

$$e = \frac{R_T' + R_T''}{2 \cdot R_T}.$$

Wärmestrom Φ und Wärmestromdichte q. Durch ein Bauteil mit der Fläche A fließt bei einer beidseitig angrenzenden Luft der Temperaturen Θ_i bzw. Θ_e ein Wärmestrom der Größe

$$\Phi = U \cdot A(\Theta_i - \Theta_e)$$

bzw. eine Wärmestromdichte der Größe

$$q = U \cdot (\Theta_i - \Theta_e).$$

Bei den Berechnungen ist die Schichtdicke d in Meter und die Fläche A in m² einzusetzen.

Die Berechnungen der Größen nach den obigen Gleichungen für den Nachweis des erforderlichen Wärmeschutzes im Hochbau erfolgt nach DIN EN ISO 6946.

Für die Berechnung des Wärmeschutzes der Bauteile sind die Stoffwerte der DIN V 4108-4 zu entnehmen. Stoffwerte, die dort nicht enthalten sind, dürfen nur dann verwendet werden, wenn sie nach den Vorschriften der Bauregelliste bestimmt und im Bundesanzeiger bekannt gemacht worden sind.

An Luftschichten grenzende Flächen Bei einer an eine Luftschicht grenzende Fläche mit schmäleren Einschnitten oder Überständen wird nach DIN EN ISO 6946 die Berechnung so geführt, als ob die Fläche eben wäre (Abb. 2.3). Die schmäleren Einschnitte werden verlängert, ohne deren Wärmedurchlasswiderstand zu verändern (Abb. 2.3a). Die überstehenden Abschnitte werden verkürzt, wobei deren Wärmedurchlasswiderstand entsprechend der Dicke der angrenzenden Bereiche vermindert wird (Abb. 2.3b).

Berechnung von Temperaturen Sind die Lufttemperaturen beiderseits des Bauteils Θ_i und Θ_e, ergeben sich die Innen- bzw. Außenoberflächentemperaturen Θ_{si} bzw. Θ_{se} gemäß folgenden Gleichungen

$$\Theta_{si} = \Theta_i - R_{si} \cdot q$$
$$\Theta_{se} = \Theta_e - R_{se} \cdot q$$

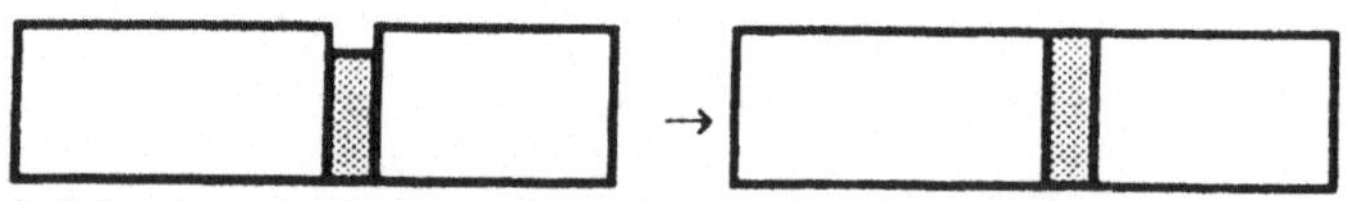

a Schmälere Abschnitte werden verlängert ohne den Wärmedurchlasswiderstand zu verändern.

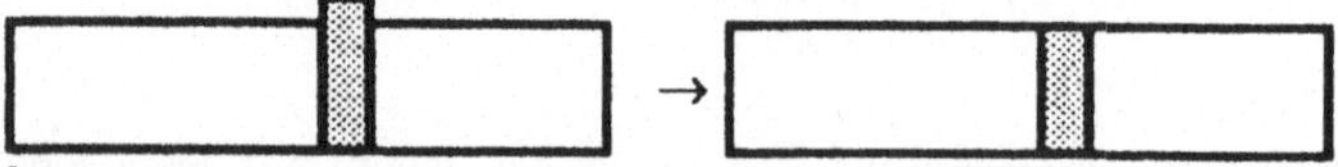

b Überstehende Abschnitte werden verkürzt, wobei deren Wärmedurchlasswiderstand vermindert wird.

Abb. 2.3 Angaben zur Berechnung des Wärmedurchlasswiderstandes von an Luftschichten grenzenden Bauteilen mit schmäleren Einschnitten (**a**) oder Überständen (**b**)

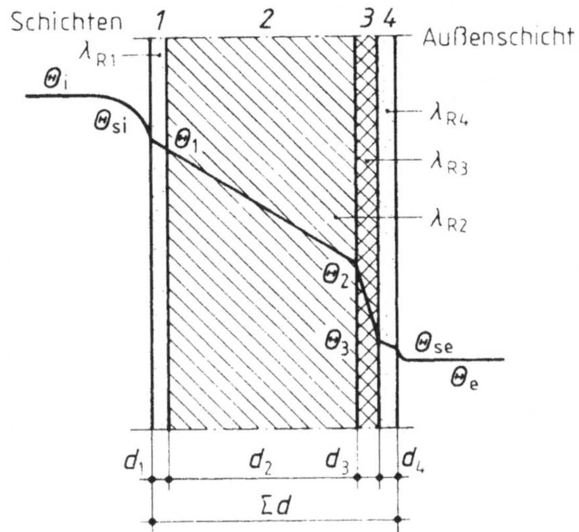

Abb. 2.4 Temperaturen in mehrschichtigen Bauteilen

Die Temperaturen Θ_1, Θ_2,…Θ_n innerhalb des Bauteil nach der ersten, zweiten bzw. n-ten Schicht, gezählt in Richtung des Wärmestromes, sind

$$\Theta_1 = \Theta_{si} - R_1 \cdot q$$
$$\Theta_2 = \Theta_1 - R_2 \cdot q$$
$$\vdots$$
$$\Theta_n = \Theta_{n-1} - R_n \cdot q$$

Die Wärmestromdichte ist (Abb. 2.4)

$$q = U(\Theta_i - \Theta_e).$$

2.2 Mindestanforderungen an den Wärmeschutz im Winter nach DIN 4108-2: 2001–2003

Die DIN 4108-2 legt Mindestanforderungen an den Wärmeschutz von Bauteilen und bei Wärmebrücken innerhalb der Gebäudehülle fest. Die Mindestanforderungen gelten für Gebäude mit Innentemperaturen $\geq 19\,°C$ **und** für Gebäude mit niedrigen Innentemperaturen ($12\,°C \leq \Theta \leq 19\,°C$) mit Ausnahme der Anforderungen an Außenwände. Bei Erfüllung dieser Anforderung ist zu erwarten, dass

- sich in den Gebäuden an jeder Stelle der Innenoberfläche der Systemgrenze bei ausreichender Beheizung und Belüftung und unter Zugrundelegung üblicher Nutzung ein hygienisches Raumklima einstellt und dass
- Tauwasserfreiheit im Ganzen und in Ecken sichergestellt ist. Das Risiko von Schimmelpilzbildung ist damit stark verringert.

Unter Systemgrenze wird die gesamt Außenoberfläche eines Gebäudes oder einer beheizten Zone eines Gebäudes verstanden, für die eine Wärmebilanz mit einer einheitlichen Raumtemperatur erstellt wird. Darin sind alle Räume inbegriffen, die entweder direkt oder **indirekt durch Raumverbund** (z. B. Flure oder Dielen) beheizt werden.

Für Außenbauteile von normal beheizten Räumen ($\geq 19\,°C$) mit mindestens $100\,kg/m^2$ sind Mindest-Wärmedurchlasswiderstände vorgegeben, die auch für die ungünstigste Stelle gelten.

An den Außenwänden erfolgte eine deutliche Anhebung des Mindest-Wärmedurchlasswiderstandes von $0{,}55\,m^2K/W$ auf $1{,}20\,m^2K/W$. Gleichzeitig ist nun gefordert, dass dieser Mindest-Wärmedurchlass-widerstand **an jeder Stelle** zu gelten hat, also auch in Fenster- und Heizkörpernischen, bei Fensterstürzen und bei Mauerwerks-Rollladenkästen einschließlich Deckel. Dies war notwendig geworden, um zu vermeiden, dass sich an schwach gedämmten – aber immer noch normgerechten – Bauteilen Oberflächenkondensat und damit Schimmelpilze bilden.

3.1 Einzelheizung

Einzelheizgeräte für Wohnräume

Eiserne und keramische *Dauerbrandöfen* für Kohle und Koks haben entweder Durchbrand (*Allesbrenner*) oder Unterbrand (Anthrazitöfen) bei hoher spezifischer Heizleistung von 3.500 W/m^2 bis 4.500 W/m^2 Oberfläche. *Ölöfen* mit Verdampfungsbrennern geben ihre Wärmeleistung vorwiegend durch Konvektoren ab.

Strom für Heizzwecke wird in *Strahlern* und/oder *Konvektionsgeräten* mit und ohne Ventilator bei Leistungen bis zu 2 kW eingesetzt (DIN 44567 bis DIN 44569). Bei *Elektrospeichergeräten*, die in Schwachlastzeiten mit Strom im Niedertarif aufgeheizt werden, haben die Geräte mit eingebautem Ventilator wegen der guten Regelfähigkeit die meiste Verbreitung gefunden; der Ventilatorbetrieb wird von einem Raumthermostaten je nach Bedarf gesteuert (Abb. 3.1) (DIN 44570 bis DIN 44574). Als zweites Elektrospeichersystem hat die *Fußbodenheizung*, bei der die Heizleiter im Estrich verlegt sind und die Tragkonstruktion als Speichermasse dient, Eingang im Wohnungsbau gefunden, Abb. 3.2.

Einzelheizgeräte für größere Räume und Hallen

Anstelle der Öfen treten *Luftheizgeräte*, meist mit Öl- oder Gasfeuerung.

Strom und Gas werden auch in *Strahlern*, die oben verteilt im Raum angeordnet werden, verwendet. *Elektrostrahler* bestehen im Allgemeinen aus einem Strahlschirm mit einer von Isoliermasse umgebenen Heizwendel, Temperatur von ca. 400 °C (DIN 44567). Bei *Gasstrahlern* werden perforierte, keramische Katalytplatten erhitzt, die bei Temperaturen von 800 °C bis 900 °C in Rotglut geraten.

© Springer Fachmedien Wiesbaden 2014

E. Hering, B. Schröder, *Wärmeschutz und Heizungstechnik,* essentials,
DOI 10.1007/978-3-658-08601-5_3

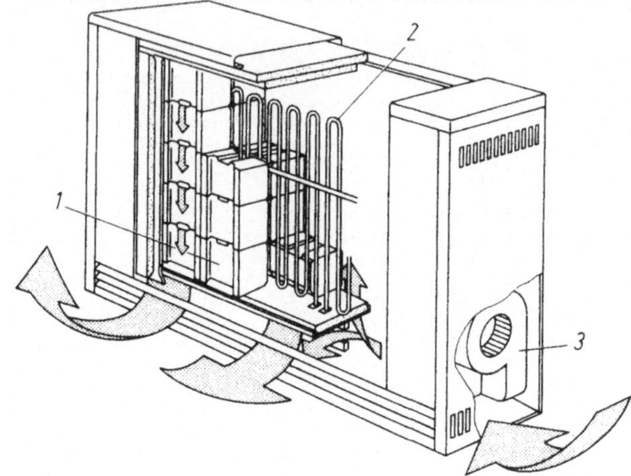

Abb. 3.1 Elektrospeicherofen der Bauart III (Siemens). *1* Speicherkern, *2* Heizregister, *3* Ventilator

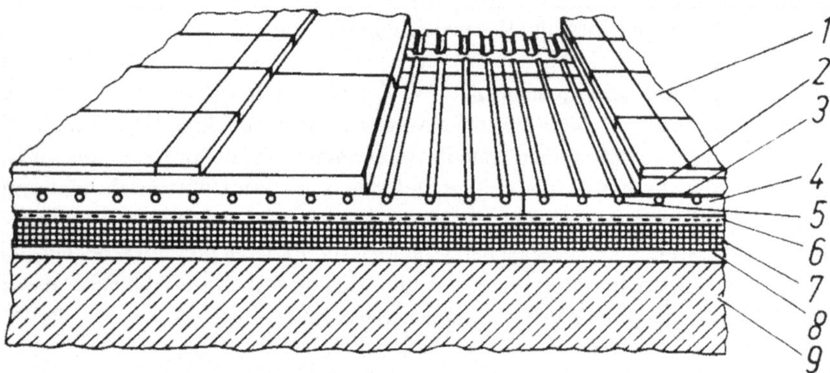

Abb. 3.2 Elektro-Fußboden-Speicherheizung (Trockenbauverfahren). *1* PVC-Bodenbelag, *2* Anhydritplatte, *3* Wärmebremse, *4* Anhydritplatte mit *5* Heizkabel, *6* Maschendraht, *7* Wärmedämmung, *8* Perliteschüttung, *9* Rohbetondecke

3.2 Zentralheizung

Systeme
Das häufigste System ist die *Warmwasserheizung* mit Umwälzung des Heizwassers durch eine Pumpe, wobei die Heizleistung durch Vorgabe des Betriebswerts, z. B. der Vorlauftemperatur am Wärmeerzeuger, zentral der Außenwitterung angepasst wird.

Die *Niedertemperaturheizung* mit Wassertemperaturen um 50 °C gehört wegen der Verringerung der Wärmeverluste zu den Energiesparsystemen.

Wasserheizungen Es gibt offene und geschlossene Systeme. Unter Berücksichtigung des statischen Drucks wird in den Sicherheitsvorschriften nach Anlagen mit einer maximalen Heizwassertemperatur bis und über 110 °C unterschieden; die letzteren werden als *Heißwasserheizungen* bezeichnet.

Dampfheizungen Sie unterscheiden sich im grundsätzlichen Aufbau von der Wasserheizung nur durch die Kondensatleitung als Rücklauf und der am Heizkörper ständig vorgehaltenen hohen Kondensationstemperatur von mindestens 100 °C, wenn von speziellen, seltenen Systemen wie der Vakuumdampfheizung abgesehen wird.

Luftheizung Sie entspricht im Aufbau den raumlufttechnischen Anlagen.

Wärmeerzeugung *Heizkessel* werden zur Wärmeerzeugung mit festen Brennstoffen, Öl oder Gas betrieben; Strom zur zentralen Wärmeerzeugung bleibt auf Blockspeicher oder *Wärmepumpen* beschränkt.

Bei Wohnblocks in einem Siedlungsgebiet oder bei ganzen Stadtteilen, die von einer gemeinsamen Zentrale aus mit Wärme versorgt werden, ist die Bezeichnung *Block-* oder *Fernheizung* üblich geworden. Die Zentrale wird wegen ihrer Größe als *Heizwerk* bezeichnet; bei der Ausnutzung von Abwärme aus Industriebetrieben oder aus Elektrizitätswerken als Heizkraftwerk.

Raum-Heizkörper, -Heizflächen
Heizkörper
Die meist für die Wasserheizung entwickelten Heizkörper können auch für Dampfheizungen Verwendung finden. Bauformen, zum Teil genormt, sind *Radiatoren* (Gliederheizkörper), *Platten-, Rohrheizkörper, Konvektoren* und die heute weniger verwendeten *Rippenrohre* (Abb. 3.3 bis Abb. 3.5).

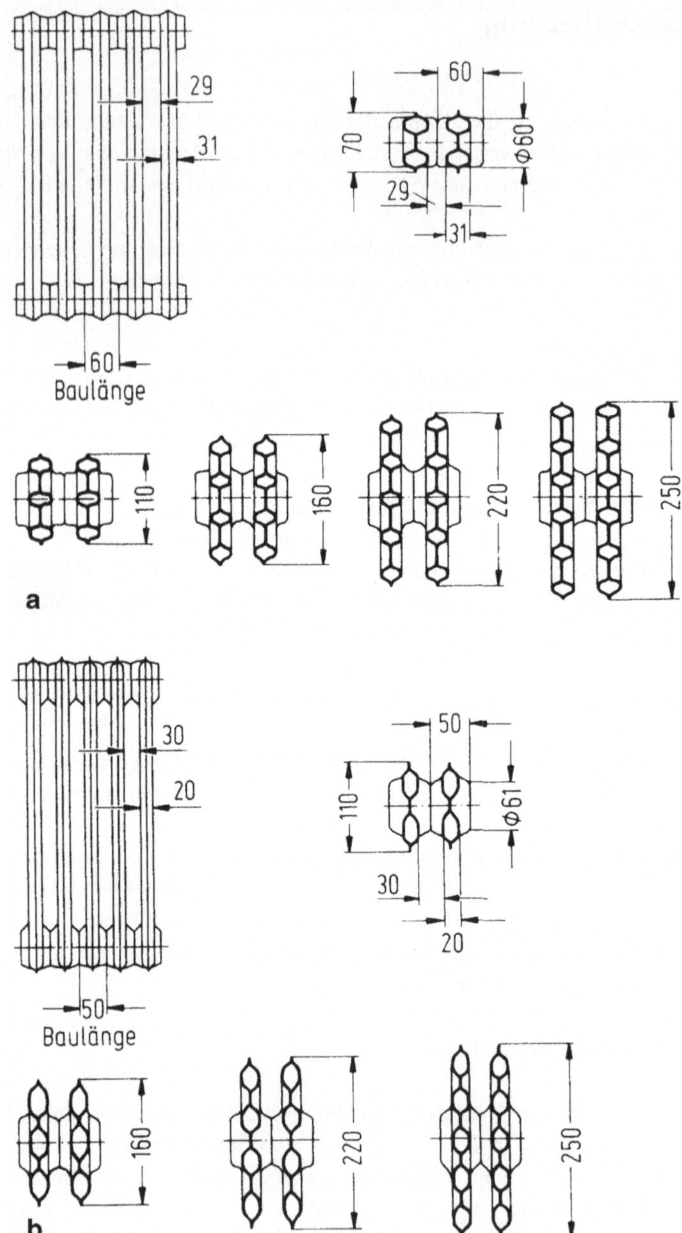

Abb. 3.3 Norm-Radiatoren. **a** Guss-Heizkörper; **b** Stahl-Heizkörper

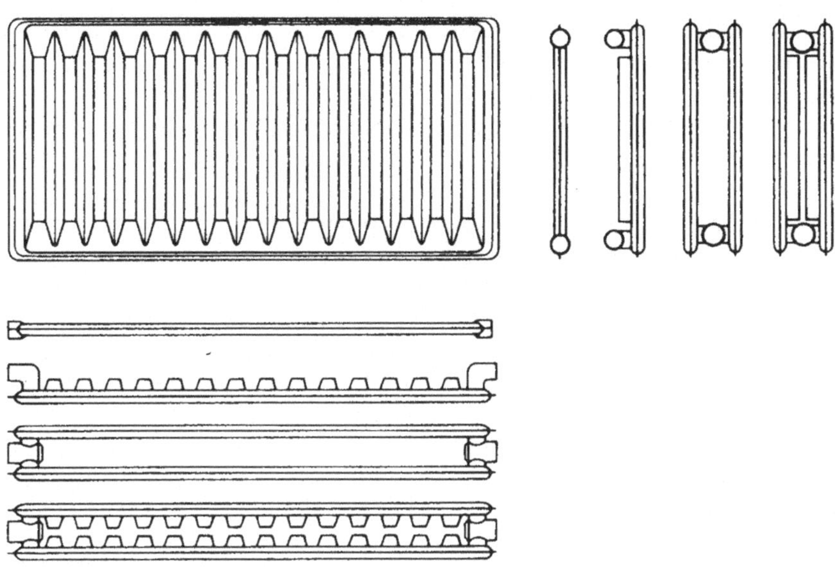

Abb. 3.4 Platten-Heizkörper

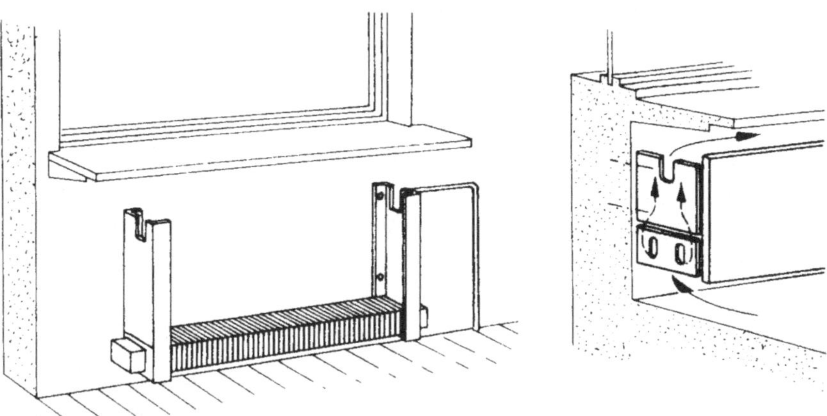

Abb. 3.5 Konvektor (Gea-Happel)

Am häufigsten werden die Heizkörper einseitig an das Rohrnetz mit dem *Vorlauf* (Warmstrang) oben und dem *Rücklauf* (Kaltstrang) unten, längere Heizkörper auch wechselseitig angeschlossen.

Unter *Normbedingungen* beträgt der Temperaturabfall im Heizwasser 20 K bei einer Vorlauftemperatur von 90 °C (Abb. 3.4).

Flächenheizung Die Wärmeübertragung übernehmen große Heizflächen, die entweder als Teil der Raumflächen oder großflächig im Raum – meist an der Decke – angeordnet sind. Da der Strahlungsanteil in der Wärmeabgabe größer ist als bei Heizkörpern, wird die Flächenheizung auch als *Strahlungsheizung* bezeichnet. Bei *Fußboden-, Decken-* oder *Wandheizflächen* sind die Heizrohre in die Baukonstruktion integriert; aus physiologischen Gründen liegen die Oberflächentemperaturen im Bereich von 25 °C bis 45 °C (Niedertemperaturheizung).

Bei dem *Strahlplatten-* (Sunstrip-) System für Fabrikhallen, also für hohe Räume, sind in Deckennähe Rohrregister mit Blechlamellen oder doppelwandige Blechplatten aufgehängt, deren mittlere Oberflächentemperatur je nach Raumhöhe bis zu 145 °C beträgt.

Fußbodenheizung Bei dieser Art werden die Rohre in oder unter dem Estrich verlegt.

Deckenheizung Sie wird heute weniger mit einbetonierten Rohren ausgeführt, eher mit Kupferrohren in der Putzdecke.

Strahlplattenheizung In Hallen und hohen Räumen ist diese von Vorteil, weil das senkrechte Temperaturgefälle günstiger als bei anderen Heizsystemen, insbesondere der Luftheizung ist, eine bessere Erwärmung des Fußbodens stattfindet und die Möglichkeit besteht, durch stärkerer oder geringere Bestrahlung von Teilen der Halle sich der Raumnutzung anzupassen.

Luftheizgeräte Luftheizgeräte mit zentraler Rohr-Wärmeversorgung bestehen aus lamellenbesetzten Wärmetauschern und Ventilatoren zur Intensivierung der Luftumwälzung; daher erfolgt die Wärmeabgabe an den Raum fasst ausschließlich durch Konvektion.

Rohrnetz
Wasserrohrnetz Werden für das Heizwasser der Vorlauf- (Zulauf-) und der Rücklauf-(Ablauf-) Rohrstrang getrennt geführt, wird es als *Zweirohrsystem* und im

Falle nur eines gemeinsamen Rohrzugs für Vor- und Rücklauf als *Einrohrsystem* bezeichnet.

Dampfrohrnetz Dampfrohrnetze für Heizungsanlagen haben meist eine *Rücklaufleitung*, in der das *Kondensat* zur Wärmerzeugung zurückgeführt wird. Auch die Dampfleitung muss wegen der Entwässerung ein Gefälle in Strömungsrichtung haben, bei längeren Dampfleitungen mit Zwischenentwässerung über *Kondensatabscheider*. Für Heizzwecke wird zumeist *Niederdruckdampf* bis zu einer Temperatur von 105 °C verwendet (DIN 4750), aber auch *Hochdruckdampf* im Bereich der Industrie oder für Fernheizungen als Wärmeträger.

Verlegungsart Das Rohrnetz besteht aus den horizontalen Verteil- und Sammelleitungen und den senkrechten Strängen.

Bei *Einrohsystemen* ist nach waagerechter oder senkrechter Einrohrheizung zu unterscheiden.

Während bei der *Zweirohranlage* jeder Heizkörper die gleiche mittlere Heizwassertemperatur hat, ergibt sich beim Einrohrsystem eine Abstufung der Heizwassertemperatur vom ersten bis zum letzten Heizkörper des jeweiligen Rings; bei gleicher Wärmeleistung erhalten also die Heizflächen verschiedene Größen.

Material Rohrleitungen werden aus Stahl und Gusseisen ausgeführt. Weiterhin finden Kupfer, Aluminium und Polyvinylchlorid (PVC) hart sowie sonstige Kunststoffe Anwendung.

Armaturen

Man unterscheidet zwischen *Ventilen, Schiebern, Hähnen* und *Klappen*.

Die *Feinregulierventile* müssen einen hohen Druckabfall von 50 bis 100 mbar haben, um die Schwerkraftwirkung auf die Wasserumwälzung weitgehend zu unterbinden.

Zur Einzelraumregelung werden Heizkörperventile als *Thermostatventile* mit einem über Ausdehnungskörper direkt wirkenden Regler kombiniert (Abb. 3.6).

Drosselklappen finden nur gelegentlich Verwendung.

Ist bei Rückflussverhinderung kein dichter Abschluss erforderlich, werden *Rückschlagklappen* oder *Rückschlagventile* eingesetzt.

Kompensatoren dienen zur Aufnahme der Rohrausdehnung.

Kondensatableiter in der häufigsten Bauform als Kondenstopf bezeichnet, sollen das Kondensat drucklos an die Kondensatleitung übergeben (Abb. 3.7). Der zeitweilige Verschluss wird durch *Schwimmer* oder *Ausdehnungskörper* erreicht.

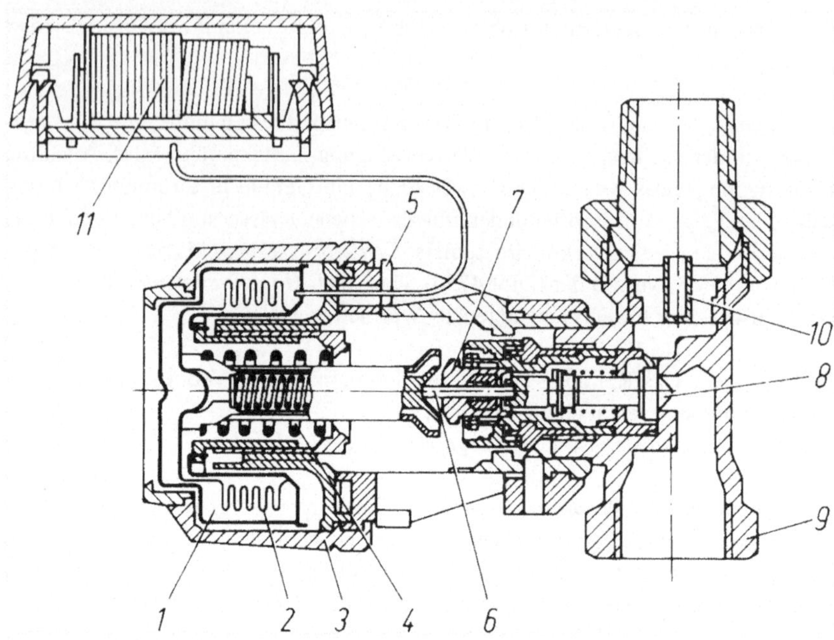

Abb. 3.6 Thermostatisches Heizkörperventil mit Fernfühler (Danfoss). *1* Thermostatisches Element, *2* Wellrohr, *3* Einstellhandgriff, *4* Einstellfeder, *5* Begrenzungsstift, *6* Druckstift, *7* O-Ring-Stopfbuchse, *8* Ventilkegel, *9* Ventilgehäuse, *10* Düse, *11* Fernfühler

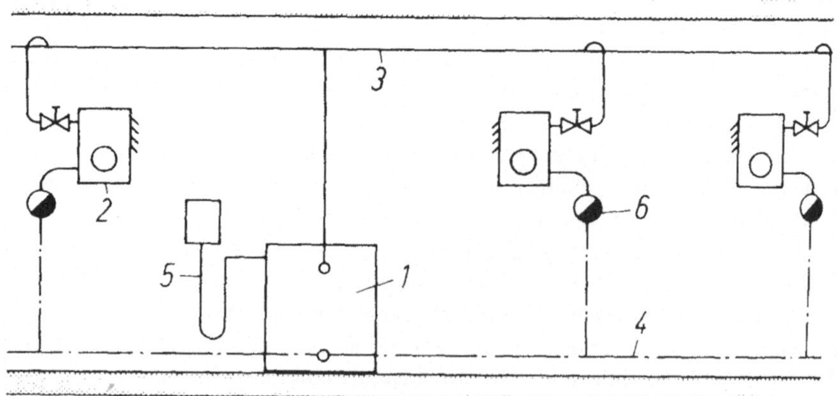

Abb. 3.7 Luftheizgerät mit Niederdruckdampf-Versorgung. *1* Niederdruckdampfkessel, *2* Lufterhitzer, *3* Dampfleitung, *4* Kondensatleitung, *5* Standrohr, *6* Kondenstopf

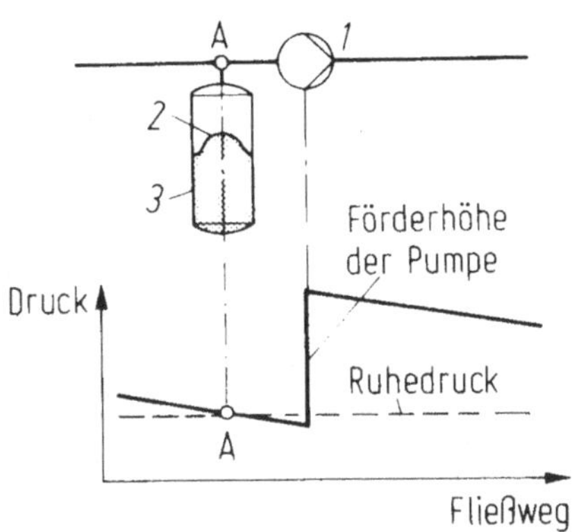

Abb. 3.8 Druckverlauf in geschlossener Heizungsanlage. *1* Pumpe, *2* Membrane, *3* Ausdehnungsgefäß

Umwälzpumpen

Die Leistung der Pumpe, d. h. die Förderhöhe und die Fördermenge, ergibt sich aus der Rohrnetzberechnung. Je nach Abschluss des Ausdehnungsgefäßes (*offene Anlage*) oder Druckgefäßes (*geschlossene Anlage*) auf der Druck- oder Saugseite der Pumpe liegt der Betriebsdruck unter oder über dem der Ruhedrucklinie (Abb. 3.8).

Die umlaufende Wassermenge ändert sich mit der Belastung der Anlage nur geringfügig (Abb. 3.9). Bei größeren Wassermengen wird die Umwälzung auf mehrere Pumpen verteilt, die im Parallelbetrieb arbeiten; es wird dem Leistungsbedarf entsprechend auch nach *Tag-* und *Nachtpumpen* unterschieden.

Häufig können dafür Rohrpumpen verwendet werden, deren Leistungsbereich bis zu etwa 75 m^3/h Fördermenge und 1,3 bar Förderhöhe verläuft (Abb. 3.10).

Wärmeerzeugung

Heizkessel (DIN 4702)

Die Kessel in der Heizungstechnik sind *Guss-* oder *Stahlkessel*, die in der gleichen Grundkonstruktion – bis auf einige Zusatzteile – als Wasser- und Dampfkessel verwendet werden.

Seit dem Anstieg der Energiepreise in den 70er Jahren findet eine Entwicklung der Kesselkonstruktionen mit höheren Wirkungsgraden im Teillastbetrieb statt (Abb. 3.11). Eine Erhöhung des Wirkungsgrades erhält man hauptsächlich durch Herabsetzen der Abgastemperaturen – bei *Niedertemperaturkesseln* bis oberhalb des Taupunkts von Wasserdampf (50 °C bis 60 °C bei Stadt- und Erdgas, 40 °C bis 50 °C bei Heizöl), bei *Brennwertkesseln* (überwiegend bei Gas) unter den Tau-

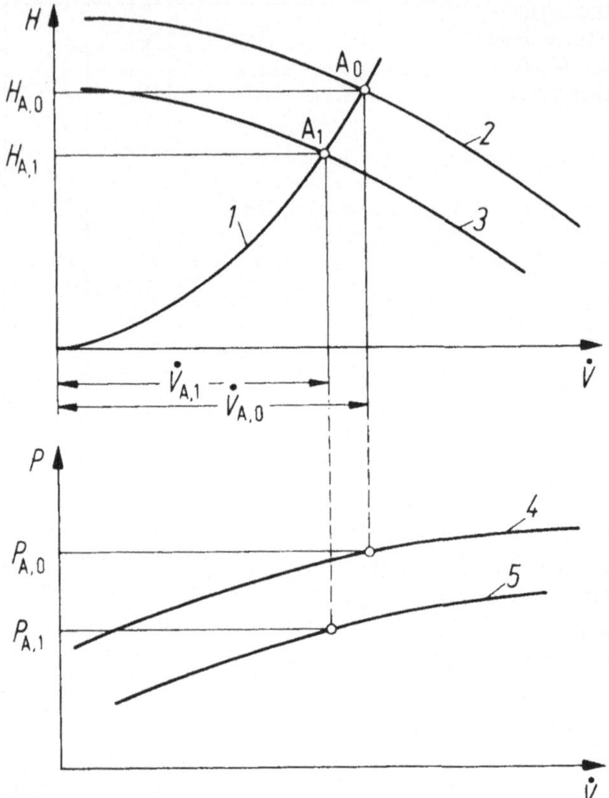

Abb. 3.9 Betriebspunkt einer Pumpen-Heizungsanlage mit zwei Drehzahlstufen (Grundfoss). *1* Rohrnetzkennlinie, *2* max. Drehzahl n_{max}, *3* min. Drehzahl n_{min}, *4* max. Stufe, *5* min. Stufe

punkt -, wobei die durch Wasserdampfkondensation im Abgas freiwerdende Wärme zusätzlich rückgewonnen wird. Zum Vermeiden von Korrosionen im Feuerraum sind durch Wahl des Materials, der Konstruktion oder innere Auskleidung Kessel – auch kleiner Leistung – für niedrige Heizwasser- und Abgastemperaturen entwickelt worden; so bei Niedertemperaturkesseln die Konstruktionen mit Trockenkammer oder mit mehrschaligen Heizflächen, *Zweikreiskessel* oder *Kessel mit Beschichtung* sowie bei *Brennwertkesseln Kondensationskessel* (ganz oder teilweise aus Edelstahl) oder Kessel mit nachgeschaltetem *Rekuperator*, Gusskessel mit

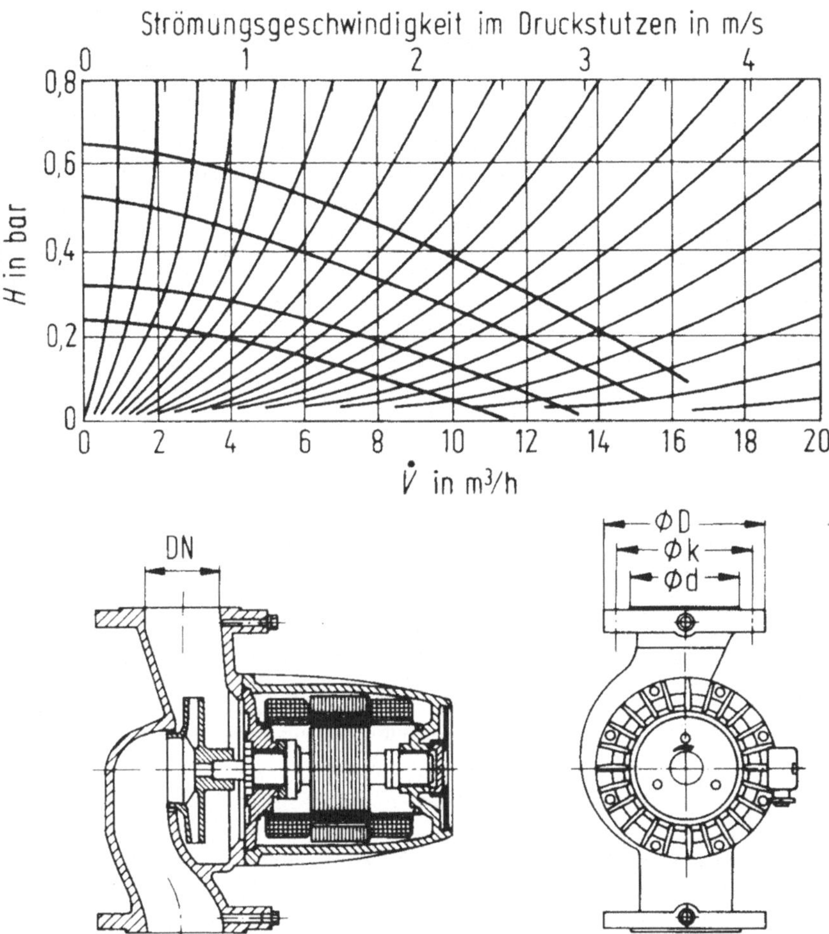

Abb. 3.10 Bauform und unterschiedliche Förderkennlinien für eine Rohrpumpe (Wilo-Werk)

großer Wärmetauscherfläche und modulierendem Brenner oder Kessel mit geringem Luftüberschuss, die nach dem Pulsationsprinzip arbeiten (Abb. 3.12).

Die *Grenzwerte* für NO_x-Emissionen liegen nach TA-Luft für Heizöl bei 250 mg/kWh und für Gas bei 200 mg/kWh. Bei *konventionellen Gasbrennern* ohne Gebläse liegen die spezifischen Emissionen teilweise oberhalb des Grenzwerts, Gasbrenner ohne Gebläse mit NO_x-reduzierender Flammenkühlung emittieren 160 mg/kWh und Gebläsebrenner 110 mg/kWh.

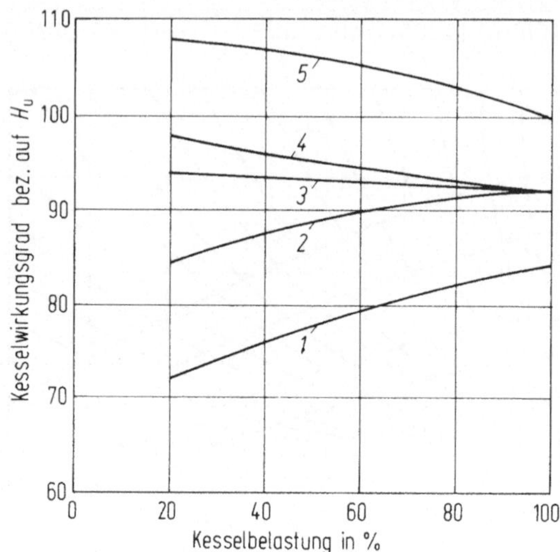

Abb. 3.11 Nutzungsgrade verschiedener Heizkesselkonstruktionen. *1* alter Heizkessel nach DIN 4702 (1967) bei η_K = 84 %, Kesselwassertemperatur konstant ca. 80 °C, Feuerung ein-aus, *2* neuer Heizkessel nach DIN 4702 (1988) bei η_K = 92 %, Kesselwassertemperatur konstant ca. 80 °C, Feuerung ein-aus, *3* neuer Niedertemperaturheizkessel, η_K = 92 %, Kesselwassertemperatur als Funktion der Außentemperatur, Feuerung ein-aus, *4* neuer Niedertemperaturheizkessel, η_K = 92 %, Kesselwassertemperatur als Funktion der Außentemperatur, Feuerung modulierend, *5* neuer Brennwertheizkessel, η_K = 99 %, Kesselwassertemperatur als Funktion der Außentemperatur, Feuerung modulierend, Heizsystem der Brennwerttechnik voll angepasst

Gusskessel Er war lange Zeit wegen seiner Korrosionsbeständigkeit und wegen des großen Anteils der Koksfeuerung vorherrschend, zumal in der Gliederbauweise eine individuelle Leistungsanpassung und gute Reparaturmöglichkeit gegeben ist. *Kleinkessel* haben Leistungen bis zu 60 kW, *Mittelkessel* bis 200 kW und *Großkessel* bis zu 700 kW.

Stahlkessel Sie gibt es für den gesamten Leistungsbereich in zahlreichen Fabrikaten, angefangen beim Kleinkessel für eine Wohnung bis zu Einheiten mit einer Leistung von 3.500 kW.

Brennstoff Die Brennstoffarten, die in Kesselanlagen eingesetzt werden dürfen, sind durch die Immissionsschutzbestimmungen festgelegt.

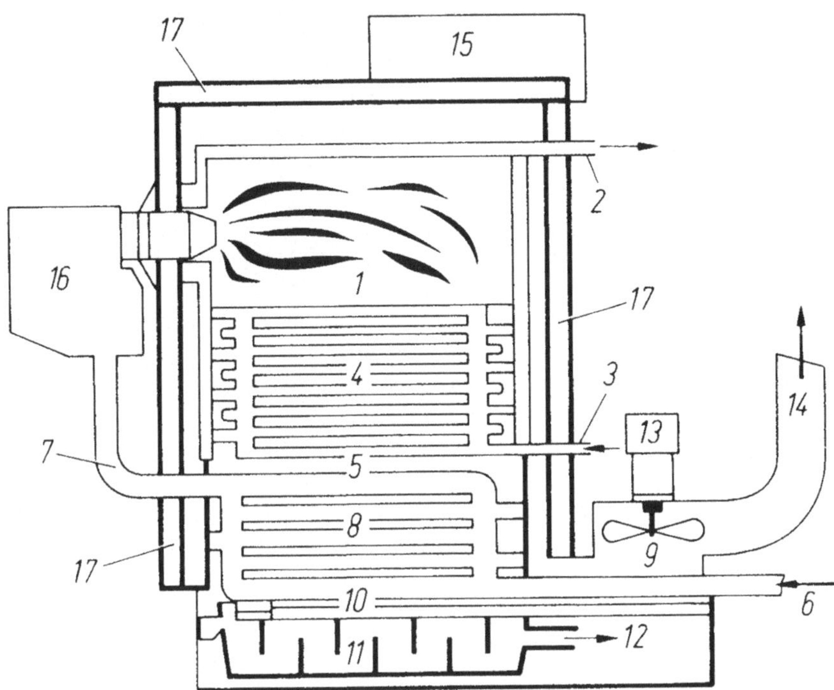

Abb. 3.12 Schema des Brennwertkessels (Veritherm). *1* Brennkammer, *2* Vorlaufanschluss, *3* Rücklaufanschluss, *4* Wärmetauscher aus Stahl, *5* Temperaturzone ca. 40 °C, *6* Vorwärmer für die Brennerluft, *7* Brennerluft – vorgewärmt,, *8* Wärmetauscher aus Kunststoff, *9* Temperaturzone ca. 35 °C, *10* Bodenwanne, *11* Katalysatorschublade, *12* Abflussanschluss, *13* Sauggebläse, *14* Abgasleitung, *15* Kesselsteuerung, *16* Brenner, *17* Wärmedämmung

Kombikessel Ein- und Mehrfamilienhäuser, etwa bis zu einer Kesselleistung von 100 kW, haben oft einen gemeinsamen Kessel (Kombikessel) für die Heizung und Warmwasserbereitung, der entweder mit einem Durchlauferhitzer oder mit einem Speicher für die Warmwassererzeugung ausgestattet ist.

Elektrokessel Sie sind fasst ausschließlich *Speicherkessel.* Eine direkte Heizung des Kessels mit *Tauch- Heizkörpern* bleibt auf sehr kleine Anlagen beschränkt.

Mess- und Regelungseinrichtungen Außer den Sicherheitseinrichtungen sollen die Kessel vor allem mit guten Regel- und Messeinrichtungen versehen werden, um einen wirtschaftlichen Betrieb zu ermöglichen. Dazu gehören *Vorlauf-* und *Rücklaufthermometer, Rauchgasthermometer, Zugmesser* und bei großen Einheiten

Rauchgasprüfer. Einzuhalten sind in Abhängigkeit von der Kesselgröße Abgasverluste von 12 % bis 10 % für Öl- und Gasfeuerungen. Öl- und Gaskessel kleiner bis mittlerer Leistungen regeln ihre Leistung im *Ein-/Aus- Betrieb.*

Bei Mehrkesselanlagen ermöglicht der Einsatz der *Mikroelektronik* (DDC- Direct Digital Control) eine hohe Wirtschaftlichkeit durch bedarfsgerechtes Zu- und Abschalten des Folgekessels.

Wärmepumpen in Heizsystemen Wärmepumpen in Verbindung mit Heizkesseln können zur Energieeinsparung beitragen. Als Wärmequelle wird *Luft, Sonnenstrahlung, Erdreich, Grundwasser* über Wärmetauscher (Verdampfer) aber auch die gesamte *Witterungs-* und *Umgebungswärme* über Absorberflächen, wie Energiedach, Energiesäule und ähnliches herangezogen (Abb. 3.13).

Sonnenkollektor (DIN 4757) Auf der Suche nach Wärmequellen ist die Ausnutzung der Sonnenenergie in Angriff genommen worden.

Verluste treten am Sonnenkollektor durch *Reflexion* und *Absorption* an der Glasplatte auf, die bei senkrecht auftreffender Strahlung einen gleichbleibenden Wert von etwa 15 % annehmen, ferner durch *Wärmeverluste*, die proportional zur Temperaturdifferenz zwischen Absorber und Umgebungsluft sind. Der *Jahreswirkungsgrad* liegt, da bei Zeiten geringer Wärmeeinstrahlung gerade der Eigenverlust gedeckt wird, niedrig. Bei Zunahme der Einstrahlung von 300 W/m^2 auf 800 W/m^2 steigt der Wirkungsgrad von 0 % auf 53 % an (Abb. 3.14). Als Anwendungsgebiet für die Nutzung der Sonnenenergie bietet sich die *Brauchwasser-* und *Schwimmbadwasser-* Erwärmung wegen der im Vergleich zur Heizung niedrigeren Wassertemperaturen und des ungefähr gleichbleibenden Wärmebedarfs im Jahresdurchschnitt an.

Fernheizung An die Stelle der *Heizzentrale* tritt bei einer Fernwärmeversorgung durch einen Fremdlieferer, z. B. durch Heizkraft- oder Heizwerke der Städtischen Energieversorgung, die *Übergabestation* und die *Hausstation.*

Fern-Dampfnetz Bei Dampfnetzen die früher häufig waren und die aus einer Dampf- und Kondensatleitung bestehen, enthält die *Übergabestation* im Wesentlichen die *Dampfdruckreduzierstation* und den Zähler, sei es eine Messblende in der Dampfleitung oder ein Kondensatzähler zur Abrechnung der gelieferten Dampfmenge (Abb. 3.15). Die zugehörige *Hausstation* muss einen Wärmetauscher zur Übertragung der Dampfwärme an die Hauswasserheizung haben und den Vor- und Rücklaufverteiler mit der Umwälzpumpe.

Fern-Wassernetz Heute wird die Wärme vorwiegend über Wassernetze, und zwar *Heißwassernetze* mit einer Temperaturspreizung z. B. von 130/70 °C oder

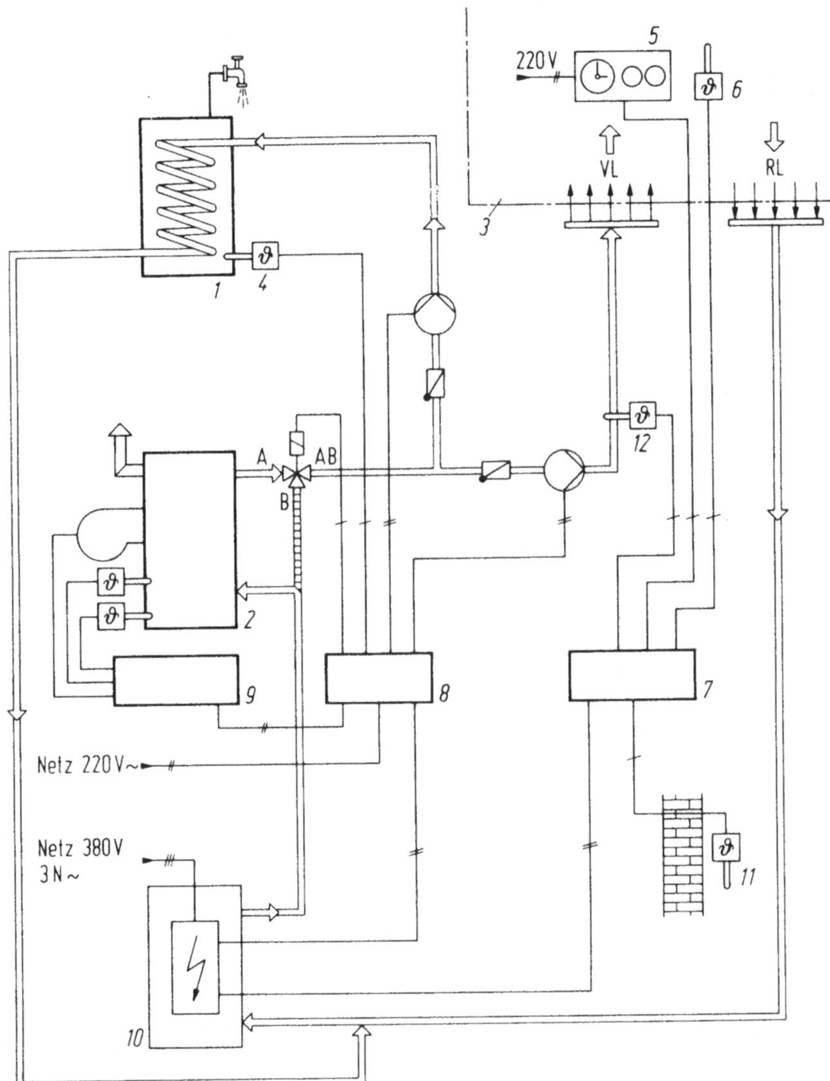

Abb. 3.13 Schema einer bivalenten Wärmeerzeugung. *1* Boiler, *2* Kessel, *3* Raum, *4* Boilerthermostat (bauseits), *5* Raumschaltstation, *6* Raumfühler, *7* Fernbedienung mit Regler, *8* Abzweigdose (bauseits), *9* Kesselüberwachung (bauseits), *10* Wärmepumpe, *11* Außenfühler

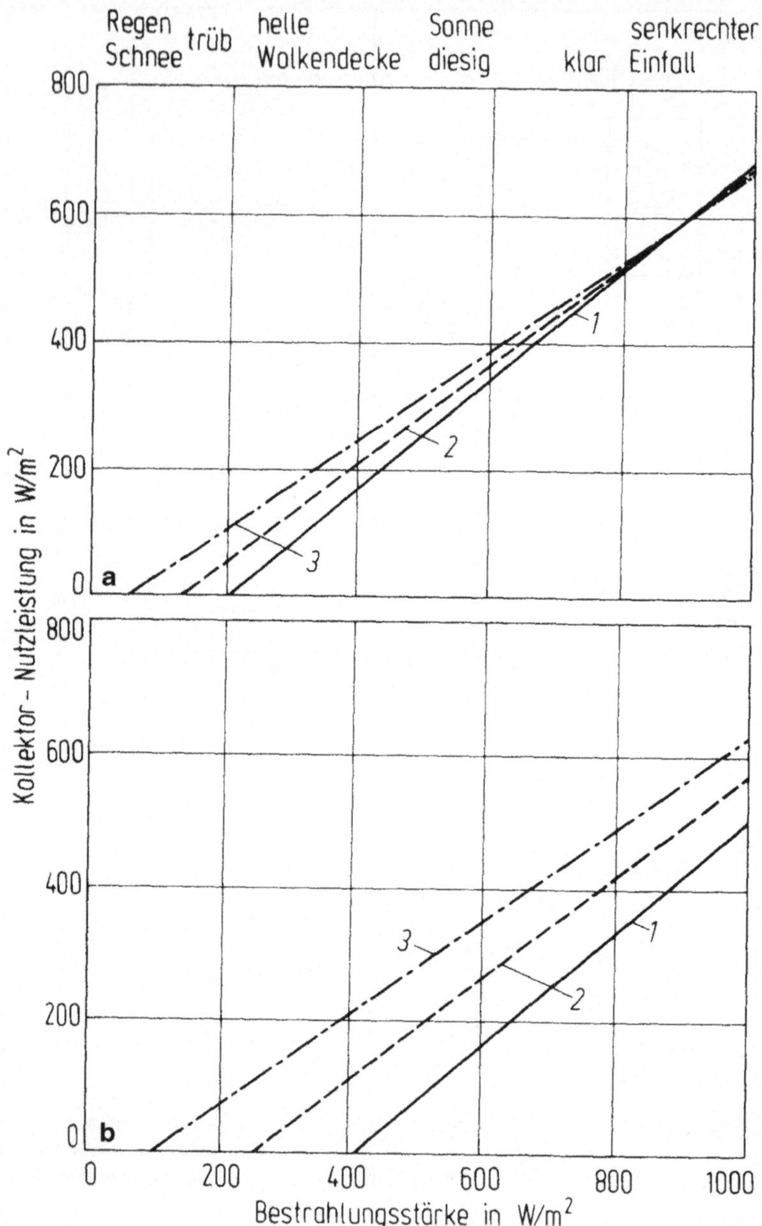

Abb. 3.14 Leistung von Flachkollektoren. **a** Brauchwassererwärmung, ΔT = 25 K, **b** Heizung, ΔT = 50 K. *1* Einfachglaskollektor, k = 7 W/(m²K), $\alpha\tau$ = 0,85; *2* Doppelglaskollektor, k = 4 W/(m²K), $\alpha\tau$ = 0,77; *3* selektiver Vakuumkollektor, k = 1,5 W/(m²K), $\alpha\tau$ = 0,7

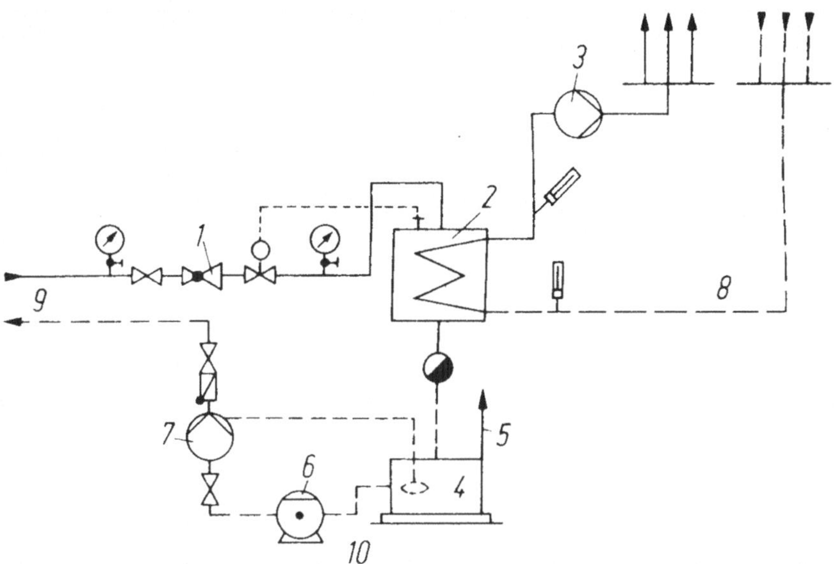

Abb. 3.15 Übergabe und Hausstation bei Dampf als Wärmeträger. *1* Druckminderventil, *2* Wärmeaustauscher, *3* Pumpe der Hausheizung, *4* Kondensatbehälter, *5* Wasserleitung, *6* Kondensatzähler, *7* Kondensatpumpe, *8* Hausanlage, *9* Fernheizung, *10* Wärmezählung

180/50 °C geliefert, im *Zwei-* oder *Dreileiternetz*. Auch die *Hausheizungsstationen* können, sofern es die Druckverhältnisse zulassen, im direkten Anschluss als Mischstation einfacher ausgestaltet bzw. im anderen Fall im indirekten Anschluss über Wärmeaustauscher angeschlossen werden. Beim *Zweileiternetz* ist eine Mindestvorlauftemperatur von 70 °C notwendig, sofern Speicher über eine Brauchwassererwärmung angeschlossen sind. Beim *Dreileiternetz*, bestehend aus zwei Vorlaufleitungen und einer gemeinsamen Rücklaufleitung, wird ein Vorlauf mit gleitender Temperatur für die Heizung und der zweite mit konstanter Temperatur (90 °C bis 100 °C) für die Brauchwassererwärmung und für Lufterhitzer von Lüftungs- und Klimaanlagen betrieben (Abb. 3.16).

Die *Übergabestation* enthält dementsprechend einen *Druckminderer*, die Abrechnung der Wärme kann über Wärmezähler oder – wie es mehrere Heizwerke bereits vertraglich übernehmen – über eine Pauschale vorgenommen werden.

Heizzentrale

Unter Heizzentralen werden sowohl die Räumlichkeiten als auch die technischen Einrichtungen für die *Wärmeerzeugung, Wärmeverteilung, Wasserumwälzung* und *Brennstofflagerung* verstanden.

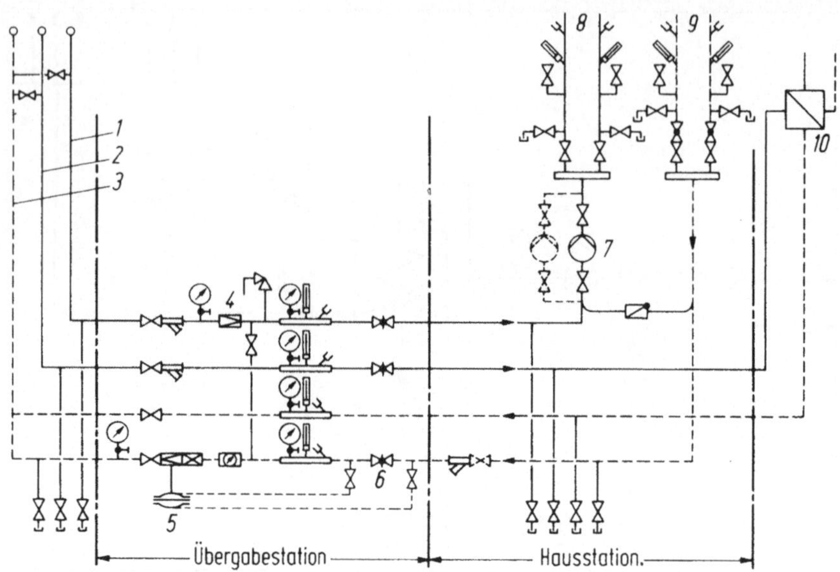

Abb. 3.16 Übergabe- und Hausstation bei Wasser als Wärmeträger (Dreileiternetz). *1* Fernheizungs-Vorlaufstrang (gleitend), *2* Fernheizungs-Vorlaufstrang (konstant), *3* gemeinsamer Rücklaufstrang, *4* Druckminderer, *5* Mengenregler, *6* Drosselventil, *7* Pumpe der Hausanlage, *8* Vorlauf der Hausanlage, *9* Rücklauf der Hausanlage, *10* Wärmeaustauscher (Brauchwasserspeicher oder Lufterhitzer)

Regelung und Steuerung

Bei der Zentralheizung unterscheidet man *zentrale* und *örtliche* Regelung.

Bei zentraler Regelung wird die Witterung durch einen *Außenthermostaten* erfasst und die Kesselvorlauftemperatur nach der vorgeschriebenen Betriebskennlinie gesteuert (Abb. 3.17).

Für *Einzelraumregelung* sind gemäß Heizungsanlagenverordnung selbsttätig wirkende Einrichtungen einzusetzen.

Am Heizkörperthermostatventil wird die für die Leistungsregelung am Heizkörper notwendige, feinstufige Voreinstellung des Wasserdurchflusses vorgenommen (Abb. 3.18).

Wärmeverbrauchsermittlung

Die *Wärmezählung* (DIN 471, DIN 474) erfolgt bei Großabnehmern über die laufende Messung und Zählung der umlaufenden Wassermenge und der zugehörigen Temperaturdifferenz zwischen Vor- und Rücklauf.

Abb. 3.17 Betriebs-Kenn-
linie einer Zentralheizung
(Pumpenheizung)

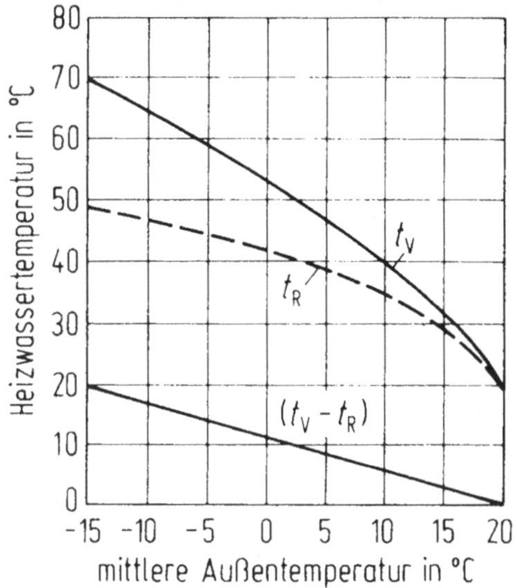

Abb. 3.18 Wärmeab-
gabe eines Heizkörpers
in Abhängigkeit vom
Wasserdurchfluss

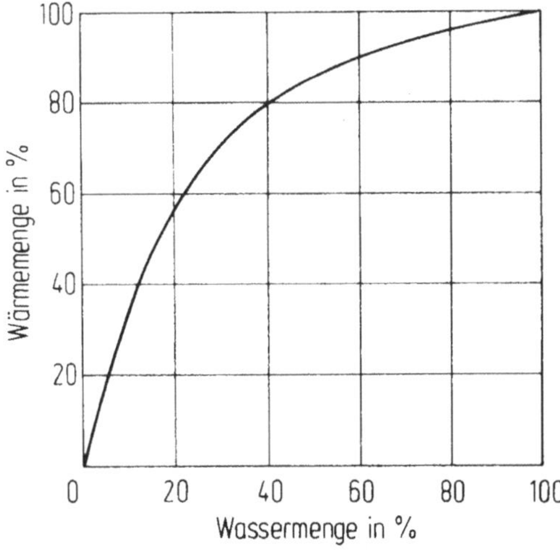

Kleinwärmezähler für Einzelwohnungen kommen durch den Drang zur Energieeinsparung vermehrt in Gebrauch.

Zur Wärmeverbrauchserfassung sind noch *Heizkostenverteiler*, die an den Heizkörpern angebracht sind, zugelassen, nach deren Anzeige der Gesamtwärmeverbrauch einer Anlage aufgeschlüsselt werden kann. Beim Heizkostenverteiler nach dem *Verdunstungsprinzip* wird der Wärmeverbrauch eines Heizkörpers an der in der Heizperiode verdunsteten Flüssigkeitsmenge eines Messröhrchens abgelesen.

Beim Heizkostenverteiler mit *elektrischer Messgrößenerfassung* wird die Oberflächentemperatur des Heizkörpers bzw. die Differenz zwischen Heizkörper- und Raumtemperatur mit Thermoelementen oder Halbleitern zur Ermittlung des Wärmeverbrauchs des Heizkörpers erfasst.

Was Sie aus diesem Essential mitnehmen können:

- Wärmebewegung durch Bauteile
- Wärmeschutz
- Einzelheizung
- Zentralheizung (Systeme, Heizkörper, Rohrnetz, Armaturen, Umwälzpumpen, Wärmeerzeugung, Regelung und Steuerung, Wärmeverbrauchsermittlung)

© Springer Fachmedien Wiesbaden 2014
E. Hering, B. Schröder, *Wärmeschutz und Heizungstechnik*, essentials,
DOI 10.1007/978-3-658-08601-5

Literatur

Hering, E., Schröder, B.: Springer Ingenieurtabellen. Springer-Verlag, Berlin (2013)

E. Hering, B. Schröder, *Wärmeschutz und Heizungstechnik,* essentials,
DOI 10.1007/978-3-658-08601-5